ENFERMERIA

Y

LA LACTANCIA

MATERNA

INDICE
PARTE I

1.- INTRODUCCIÓN

2.- SITUACION ACTUAL DE LA LACTANCIA MATERNA. BARRERAS Y PROBLEMAS DEL AMAMANTAMIENTO

3.- PROBLEMAS DERIVADOS DE LA ALIMENTACION DEL LACTANE SANO CON SUCEDANEOS

4.- CONTRAINDICACIONES
    4.1.- FALSAS CONTRAINDICACIONES

5.- PAPEL DE LA ENFERMERA EN LA PROTECCION A LA LACTANCIA
    5.1.- PRACTICAS RECOMENDADAS
        -A) Durante el embarazo
        -B) Durante el parto y postparto inmediato
        -C) Primeros días en la maternidad
        -D) Primeras semanas de vida

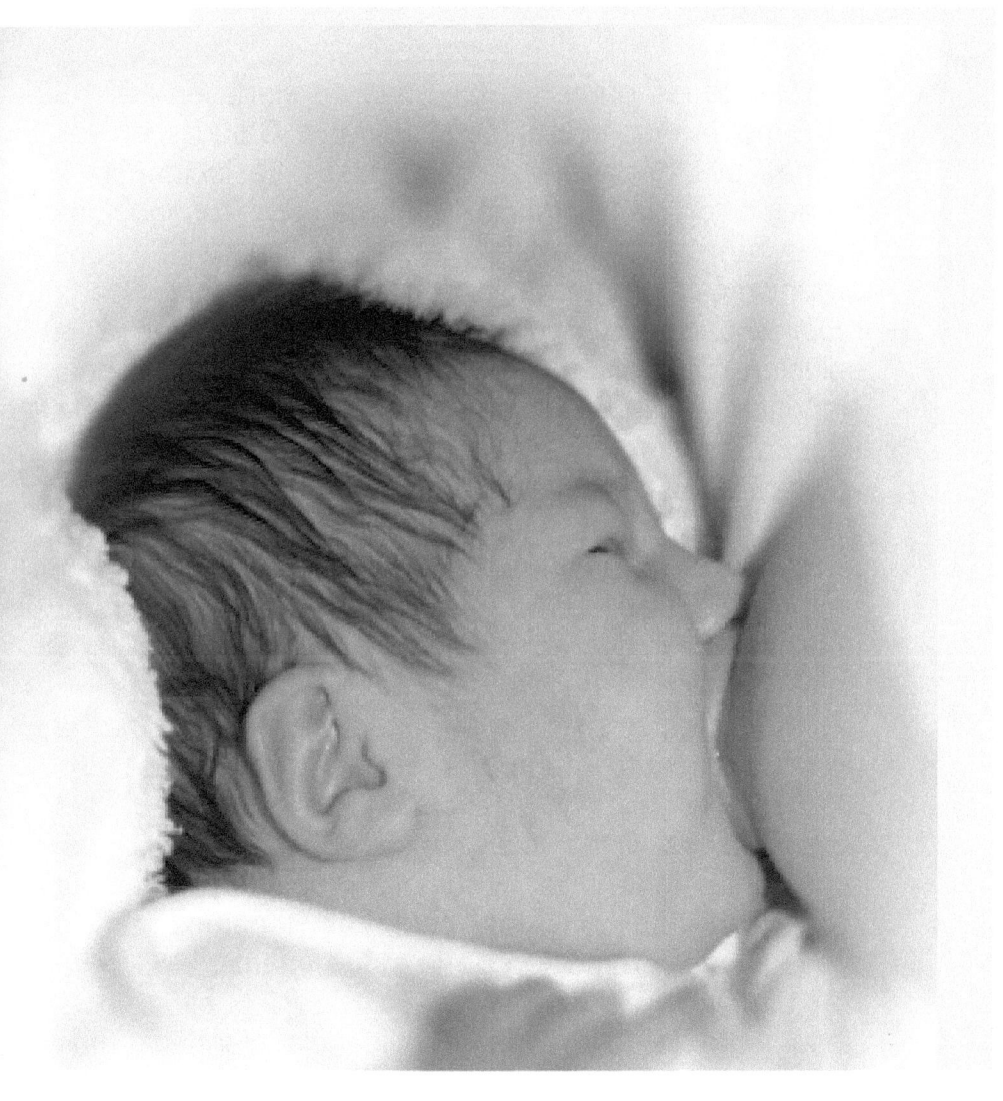

1.- INTRODUCCIÓN

Desde las primeras llamadas de alerta en 1974 y 1978 de la Asamblea Mundial de la Salud1, en las últimas tres décadas las bajas tasas de incidencia y duración de la lactancia materna son reconocidas como un problema de salud pública y diversos organismos internacionales han publicado recomendaciones y planes de acción dirigidas a la solución del mismo (tablas 1 y 2). La evidencia científica acumulada en años recientes avala la superioridad nutricional de la leche materna (especificidad de nutrientes, máxima biodisponibilidad, aporte de células vivas: linfocitos y macrófagos, enzimas digestivas, inmunomoduladores,
factores de crecimiento y receptores análogos2) para la alimentación del recién nacido y lactante3.

Conscientes de los grandes beneficios que el amamantamiento comporta para la salud de las madres, sus hijos y la sociedad en general; de las bajas tasas de prevalencia y duración del amamantamiento en nuestro país y de la responsabilidad que los pediatras tenemos en la prevención y promoción de la salud infantil, el Comité de Lactancia Materna de la AEP publica este documento (a la luz de la evidencia científica más reciente y conociendo que el amamantamiento puede ser protegido y apoyado de manera eficaz mediante actuaciones coordinadas) y siguiendo las recomendaciones internacionales vigentes.

Nuestro objetivo es proporcionar una guía básica de actuación que contribuya a la encomiable labor del manejo, la protección y el apoyo a la lactancia materna que ya realizan numerosos pediatras españoles.

2.- SITUACIÓN ACTUAL DE LA LACTANCIA MATERNA. BARRERAS Y PROBLEMAS DEL AMAMANTAMIENTO:

En España, los datos obtenidos en varias comunidades, en la encuesta dirigida por el Comité de Lactancia de la Asociación Española de Pediatría en 1997, recogen una prevalencia de lactancia materna de alrededor del 20 % a los 4 meses4. La prevalencia y duración de la lactancia materna en todos los países europeos está muy por debajo de lo recomendado por la Organización Mundial de la Salud (OMS) según diversos informes5 y los resultados de estudios recientes6 dibujan una situación poco alentadora: los países europeos no cumplen las políticas y recomendaciones de la Estrategia Global para la Nutrición del lactante y niño pequeño que suscribieron durante la 55.ª Asamblea Mundial de la Salud en 20025, no se cumplen las metas de la Declaración de Innocenti7, la formación de los profesionales sanitarios es inadecuada e incompleta, la iniciativa Hospitales

Amigos de los Niños está poco implantada (en nuestro país sólo 12 maternidades tienen el galardón de Hospital Amigo de los Niños) y la incidencia y prevalencia de lactancia materna es muy baja a los 6 meses en todos los países[8]. En España no se dispone de un sistema adecuado de monitorización de la situación de la lactancia por lo que los datos de los que disponemos provienen de estudios locales con mayor o menor rigor y obtenidos con diferente metodología. Sólo es posible dibujar un mapa aproximativo de la situación real (tabla 3).

En la instauración y el mantenimiento de la lactancia influyen negativamente: la falta de información y apoyo prenatal y posnatal a la madre y su familia; las prácticas y rutinas inadecuadas en las maternidades[9], en atención primaria y en otros ámbitos de la atención sanitaria[10]; la escasa formación de los profesionales y autoridades sobre lactancia materna[11,12]; el escaso apoyo social y familiar a la madre que amamanta; la utilización inapropiada de la publicidad de sucedáneos de leche materna en instituciones sanitarias y fuera de las mismas; la visión social de la alimentación con biberón como norma en medios de comunicación, en publicaciones para padres y en libros infantiles[13]; la distribución de muestras de leche artificial, tetinas o chupetes en centros de salud, maternidades, farmacias y comercios; la escasez de medidas de apoyo a la madre lactante con trabajo remunerado en la legislación vigente y en los lugares de trabajo;

algunos mitos sociales (miedo a perder la silueta o la deformación de los senos) y el temor a la pérdida de libertad de la mujer que amamanta14,15.

TABLA 1. Documentos esenciales para la promoción, asistencia y apoyo a la lactancia materna

Documento	Año	Organización	Contenido
Código de Comercialización de Sucedáneos de Leche Materna de la OMS	1981	OMS-UNICEF	Recogido en legislación europea en 1991 (y en nuestra legislación en Reales Decretos del 1992 y 1998) tiene como objetivo asegurar el uso correcto de los sucedáneos de leche materna y controlar las prácticas inadecuadas de comercialización de alimentos infantiles, prohíbe la publicidad directa y la entrega de muestras gratuitas de cualquier sucedáneo y de los útiles para administrarlos y obliga al personal sanitario, a los fabricantes y a los gobiernos
Declaración de Innocenti[7]	1989	OMS-UNICEF	"La lactancia materna es el mejor modo de alimentación para el lactante. Todas las madres tienen derecho a amamantar y sus lactantes a ser alimentados con leche materna, en exclusiva hasta los 6 meses y junto con otros alimentos hasta los 2 años"
"Diez pasos hacia una feliz lactancia natural"	1991	OMS-UNICEF: "Iniciativa Hospitales Amigos de los Niños"	Engloban las acciones necesarias para el apoyo a la lactancia en las Maternidades y constituyen la base de la INICIATIVA "Hospital amigo de los niños" (Comité Español, funciona desde 1995)
"Nutrición del lactante y del niño pequeño. Estrategia mundial para la alimentación del lactante y del niño pequeño"[6]	2002	Asamblea Mundial de la Salud	Subraya la necesidad de que todos los servicios de salud protejan, fomenten y apoyen la lactancia natural exclusiva y una alimentación complementaria oportuna y adecuada sin interrupción de la lactancia natural
Amamantamiento y uso de leche humana[134]	2004	American Academy of Pediatrics	Resume los beneficios de la lactancia para el lactante, su madre y la sociedad. Recomendaciones-guía de la Academia para pediatras y trabajadores de la salud respecto a la asistencia a las madres en el inicio y mantenimiento de la lactancia materna. Además resume diferentes modos de promoción y apoyo a la lactancia que los pediatras pueden poner en marcha no sólo en la labor clínica, sino en el hospital, facultad, comunidad y nación
Guías Clínicas Basadas en la Evidencia para el manejo de la lactancia materna	1997-2004	Asociación Internacional de Consultores de Lactancia (ILCA) Asociación de matronas y enfermeras pediátricas (AWHONN) Pediatras del Área 09, Comunidad Valenciana	Guías de actuación clínica basadas en la evidencia para el manejo, la promoción y el apoyo de la lactancia materna
Plan de Acción Europeo para la protección, promoción y apoyo a la lactancia materna en Europa[137]	2004	Plan de Acción Europeo	Reconoce el amamantamiento como una prioridad de salud pública a nivel europeo y las bajas tasas de amamantamiento y su abandono temprano como un problema de graves consecuencias para la salud materno infantil, la comunidad y el medio ambiente, que ocasiona gasto sanitario y desigualdades sociales y de salud evitables para Europa. Insta a los pediatras a asumir su responsabilidad en la promoción y puesta en marcha de medidas adecuadas de apoyo y en el abandono de prácticas, rutinas y protocolos erróneos. Urge a las administraciones nacionales y comunitarias a poner en marcha planes de actuación consistentes y recursos humanos y financieros que promuevan y apoyen eficazmente el amamantamiento

Además, existen grupos sociales con mayor riesgo: algunos grupos étnicos o emigrantes que ven en la alimentación artificial un signo externo de progreso o riqueza, progenitores con bajo nivel de estudios o con trabajos precarios, familias sin figura paterna (madres adolescentes o solteras) y problemas en el recién nacido como el bajo peso al nacimiento, la prematuridad, el nacimiento por cesárea y los partos múltiples, hacen más difícil la lactancia desde el principio16.

En el abordaje de muchas de estas barreras, el pediatra se encuentra en una situación privilegiada para influir positivamente con su actuación. Mantener al día la formación en lactancia materna y ser un agente activo, capaz de apoyar y promover la lactancia y ayudar en la resolución de los problemas, es un reto gratificante que deparará grandes beneficios para todos: niños, madres, pediatras y sociedad.

3.- PROBLEMAS DERIVADOS DE LA ALIMENTACIÓN DEL LACTANTE SANO CON SUCEDÁNEOS:

En la actualidad, existiendo evidencia científica suficiente para afirmar que la lactancia materna beneficia al lactante amamantado desde el nacimiento y que sus efectos se prolongan durante años después de haberse producido el destete, deberíamos contemplar como norma biológica el amamantamiento y, por ello, parece preferible hablar de los problemas o perjuicios causados por la lactancia artificial que podrían evitarse si aumentara el número de niños amamantados y la duración de la lactancia materna. Comparados con los lactantes amamantados, los no amamantados tienen más enfermedades17 y además estas son más graves y más largas, no sólo durante la época de lactancia, sino muchos años después.

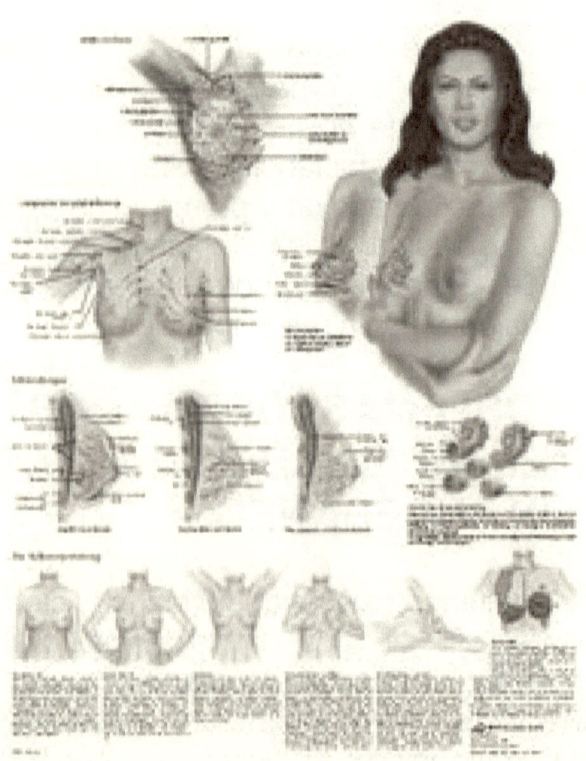

La lactancia artificial, pues, debería ser la excepción y los médicos y pediatras deberíamos indicarla con el cuidado y conocimiento de los riesgos y complicaciones con el que recomendamos el uso de otros sustitutos de sustancias biológicas cuando no son sintetizadas en cantidad suficiente por el cuerpo humano.

TABLA 2. **Diez pasos hacia una feliz lactancia natural**

Todos los servicios de maternidad y atención a los recién nacidos deberán:

1. Disponer de una política por escrito relativa a la lactancia natural que se ponga en conocimiento de todo el personal de atención a la salud.
2. Capacitar a todo el personal de salud de forma que esté en condiciones de poner en práctica esa política.
3. Informar a todas las embarazadas de los beneficios que ofrece la lactancia natural y la forma de ponerla en práctica.
4. Ayudar a las madres a iniciar la lactancia durante la media hora siguiente al parto.
5. Mostrar a las madres cómo se debe dar de mamar al niño y cómo mantener la lactancia incluso si han de separarse de sus hijos.

6. No dar a los recién nacidos más que leche materna, sin ningún otro alimento o bebida, a no ser que esté médicamente indicado.
7. Facilitar el alojamiento conjunto madre-hijo durante las 24 h del día.
8. Fomentar la lactancia materna a demanda.
9. No dar a los niños alimentados al pecho tetinas o chupetes artificiales.
10. Fomentar el establecimiento de grupos de apoyo a la lactancia natural y procurar que las madres se pongan en contacto con ellos a su salida del hospital.

TABLA 3. Porcentaje de niños con lactancia materna al inicio, 3 y 6 meses de vida según trabajos realizados en distintas regiones de España[180-182]

Región, autonomía, país	Año	Número	Porcentaje LME (LME + LMP)*		
			Inicio	3 meses	6 meses
Andalucía	2004	1.087	81,6	39,8	7,8
Aragón (pueblo)	1988	345	– (80)	– (34)	– (11)
Asturias	1996	418	51 (73)	15 (31)	9 (20)
Castilla y León	1998	–	75 (88)	–	7 (28)
Cataluña (Comarca)	2000	200	– (78)	– (67)	– (39)
Cataluña (pueblo)	1998	88	81 (83)	59 (75)	3 (6)
Centro-Norte España	1992-1993	1.175	80 (88)	27 (45)	4 (14)
Ciudad Real (pueblo)	1993-1995	170	82 (88)	34 (46)	– (6)
Córdoba ciudad	1995	961	– (77)	– (25)	– (10)
Gran Canaria	2002	545	52 (77)	26 (34)	9 (16)
Guipúzcoa	2004	1.000	61,1 (81,1)	61,5 (71,5)	28,3 (55,0)
España	1995	400	–	37 (54)	15 (33)
			– (84)	– (55)	– (28)

* lactancia materna exclusiva; LMP: lactancia materna parcial o mixta.

3.1.- Problemas a corto plazo:

La alimentación con sucedáneos eleva el riesgo de muerte súbita del lactante18, la mortalidad posneonatal durante el primer año de vida (en países desarrollados)19 y la mortalidad infantil en menores de 3 años20. Los lactantes alimentados con fórmulas artificiales tienen más procesos infecciosos (fundamentalmente gastroenteritis, infecciones respiratorias e infecciones de orina21-25), estos son más graves26-32 y generan más hospitalizaciones33-38 en comparación con los niños que son alimentados con lactancia materna exclusiva39. Los niños no amamantados padecen más dermatitis atópica, problemas respiratorios y asma si pertenecen a una familia de riesgo alérgico40-44.

El 83 % de los casos de enterocolitis necrosante son debidos a la alimentación neonatal con sucedáneos de leche materna45-47.

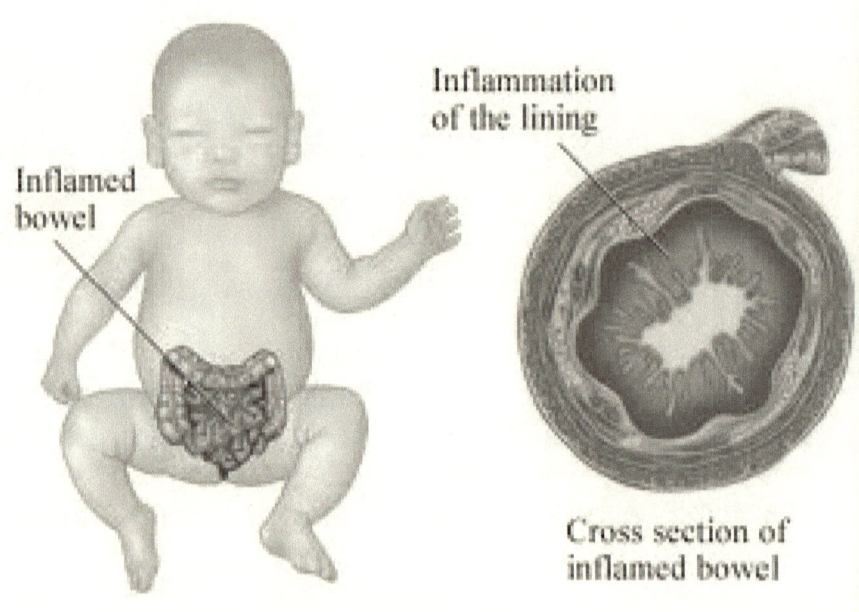

3.2.- Problemas a más largo plazo:

Al no recibir lactancia materna, el sistema inmunitario digestivo y sistémico del lactante no es estimulado activamente en los primeros días y meses tras el nacimiento48 mediante la transferencia de anticuerpos antiidiotipo y linfocitos49,50 lo que explicaría por qué los niños no amamantados desarrollan una respuesta inmunitaria menor a las vacunas y tienen mayor riesgo de padecer enfermedad celíaca, enfermedades autoinmunes, enfermedad inflamatoria intestinal51, diabetes mellitus y algunos tipos de cáncer52 como leucemias53, o esclerosis múltiple en la edad adulta54. Se ha descrito también un riesgo mayor de padecer cáncer de mama premenopáusico o posmenopáusico en la edad adulta en las niñas no amamantadas55.

La lactancia artificial provoca una mayor prevalencia de caries y peor desarrollo orofacial y mandibular y ocasiona una mayor necesidad de correcciones ortodónticas durante la infancia y adolescencia56-58. Además, la lactancia artificial se ha asociado con una mayor incidencia de hernias inguinales59.

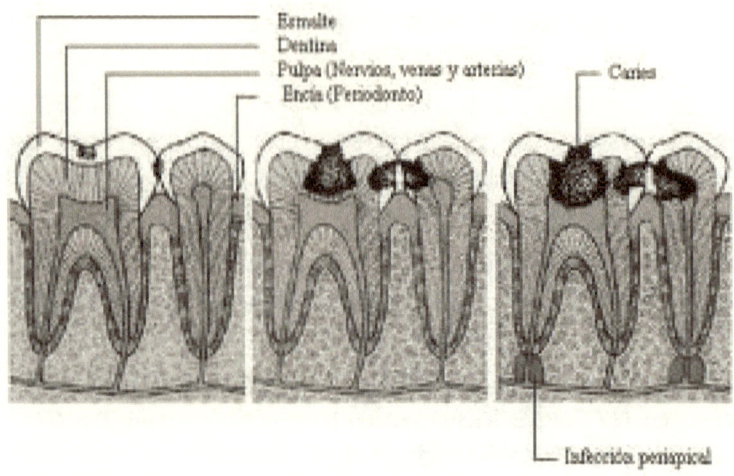

Los lactantes alimentados con sucedáneos tienen peor desarrollo psicomotor y social durante el primer año de vida60 y obtienen puntuaciones inferiores en los tests cognitivos y de coeficiente intelectual (con diferencias de hasta 3,16 puntos) y peores resultados en matemáticas y menor agudeza visual en la etapa escolar61-63. El vínculo maternofilial parece ser menor en los lactantes no amamantados64 lo que ha sido asociado con un riesgo más elevado de maltrato y abuso sexual en algunos estudios65.

La OMS trabaja en la confección de nuevos estándares de desarrollo físico66 (probablemente se publiquen en 2006), tras demostrarse en estudios recientes que el crecimiento de los lactantes amamantados es diferente del de sus congéneres alimentados con sustitutos, de manera que los niños amamantados ganan menos peso y son más delgados al final del primer año de vida67. Lejos de constituir un problema, es posible que esta sea la causa de la disminución de hasta el 20 % del riesgo de obesidad en la adolescencia, en los niños que fueron amamantados 7 meses o más frente a 3 meses o menos68-70 y de que los niños alimentados con fórmulas artificiales tengan mayor nivel de riesgo cardiovascular a los 13 años71 y cifras más altas de presión arterial en la edad adulta72.

3.3.- Perjuicios para la madre:

Pero los lactantes no son los únicos que salen perjudicados con la administración de sucedáneos. Las madres que no amamantan dejan de recibir también beneficios físicos y hormonales, por lo que presentan un aumento de riesgo de hemorragia uterina posparto, mayor tiempo de hemorragia menstrual a lo largo de la vida (la lactancia proporciona largos períodos de amenorrea con importante efecto en las reservas férricas), aumento de riesgo de diversas infecciones, de fractura espinal y de cadera posmenopáusicas, de cáncer de ovario73 y de cáncer de mama (la lactancia disminuye el riesgo en un 4,6% por cada 12 meses de amamantamiento)74.

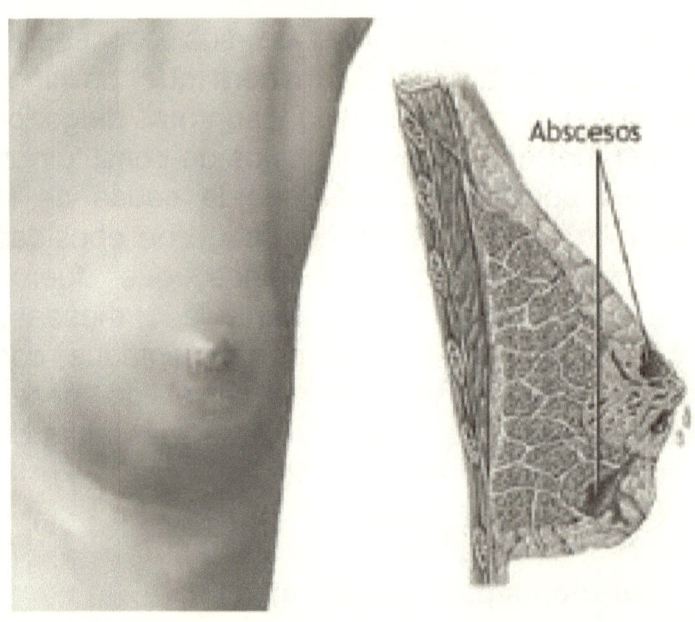

Recientemente se ha descrito una disminución del riesgo de artritis reumatoide proporcional al número total de meses de amamantamiento75.

3.4.- Perjuicios para la comunidad y el medio ambiente:

La lactancia artificial supone un aumento importante del gasto sanitario (el gasto generado por el incremento de la morbilidad debido al uso de las fórmulas infantiles se ha estimado en 3,6 billones de dólares anuales en Estados Unidos76). Dicha morbilidad ocasiona un aumento del absentismo laboral de los progenitores que, además, disponen por el mismo motivo, de menos tiempo libre para dedicar a sus otros hijos y a los asuntos familiares y cuyo gasto familiar se ve incrementado innecesariamente por la compra de medicamentos, sucedáneos y los utensilios necesarios para su administración, esterilización, etc. (biberones, calienta-biberones, esteriliza-biberones, etc.).

La fabricación, transporte y utilización de sucedáneos genera basura, gasta agua y electricidad y contribuye a la contaminación medioambiental.

4.- CONTRAINDICACIONES PARA LA LACTANCIA

Aunque la mayoría de nuestros lactantes se beneficiarán de la alimentación al seno materno, existen una serie de circunstancias que contraindican la misma. La lactancia está contraindicada en nuestro país en casos de enfermedad materna por virus de la inmunodeficiencia humana (VIH), así como por virus de la leucemia humana (HTLV) I y II77, en madres dependientes de drogas de abuso78, isótopos radiactivos mientras exista radiactividad en la leche materna (consultar tiempos) o con algunos fármacos como los quimioterápicos o antimetabolitos hasta que estos se eliminan de la leche79-81 (ver www.e-lactancia.org).

La galactosemia clásica (déficit de galactosa-1-uridil transferasa) del lactante también contraindica la lactancia82.

4.1.- FALSAS CONTRAINDICACIONES PARA LA LACTANCIA MATERNA.

Por otra parte, a menudo por desconocimiento o miedo, se suspende la lactancia por causas no justificadas a la luz del conocimiento científico, por lo que parece importante destacar que no contraindican la lactancia:

– La *infección materna por virus de la hepatitis B (VHB)*. Los hijos de madre con hepatitis B deben ser vacunados y recibir inmunoglobulina al nacimiento83.
– La *infección materna por virus de la hepatitis C (VHC)*. No hay casos descritos de transmisión de VHC a través de la leche ni el amamantamiento aumenta la incidencia de transmisión vertical, a pesar de haberse aislado en leche materna, por lo que desde hace años el Center for Disease Control and Prevention (CDC) de Estados Unidos no contempla esta enfermedad como contraindicación para la lactancia, independientemente de la carga viral materna84,85.
– La *infección materna por citomegalovirus (CMV)*. La madre portadora de anticuerpos frente a CMV

(sin seroconversión reciente)83 puede amamantar sin riesgo a su lactante sano a término. No se ha demostrado que los prematuros con peso al nacimiento menor de 1.500 g, hijos de madre portadora de anticuerpos de CMV, tengan peor evolución si son amamantados86 y, en la mayoría de los casos, el contagio se produce en el momento del parto y no durante el amamantamiento. Además, se debe tener en cuenta que la madre posee anticuerpos frente al CMV, por lo que en general los beneficios de la lactancia superan a los riesgos87. La congelación y la pasteurización de la leche materna disminuyen considerablemente el riesgo de transmisión88.

– La *tuberculosis activa en la madre no contraindica la lactancia materna*. Si la madre es bacilífera, se debe iniciar tratamiento antituberculoso inmediatamente y administrar al lactante profilaxis con isoniacida durante 6 meses y bacilo de Calmette-Guérin (BCG) después de terminado el tratamiento89.

– La *fiebre materna*, salvo si la causa es una de las contraindicaciones del apartado anterior90.

– La *enfermedad materna que precisa medicación compatible con la lactancia*. Para la mayoría de los procesos existe tratamiento adecuado compatible con el amamantamiento. Si bien, en muchos casos la instauración de estos tratamientos queda fuera del ámbito de actuación del pediatra, este es consultado a menudo por la madre, la familia o por el médico que la trata; es conveniente estar informado y ser capaz de dar una respuesta adecuada consultando fuentes apropiadas91,92 o la web: www.e-lactancia.org (el vademécum no es una fuente apropiada).

– El *tabaquismo* materno no es una contraindicación para la lactancia si bien deberá advertirse a la madre y al padre para que fumen siempre fuera de la casa y alejados del niño y animarles a buscar ayuda para abandonar el hábito. En cualquier caso, el lactante hijo de madre fumadora estará más protegido si su madre le da el pecho93.

– La *ingesta de alcohol* debe desaconsejarse a la madre lactante ya que se concentra en la leche materna, puede inhibir la lactancia y puede perjudicar el desarrollo cerebral del recién nacido, pero la toma ocasional de alguna bebida alcohólica de baja graduación (vino, cerveza) puede admitirse advirtiendo a la madre para que no amamante en las 2 h siguientes a la ingesta94.

– La *mastitis* no sólo no contraindica la lactancia, sino que el tratamiento más eficaz es el vaciado del pecho afectado por el lactante y se debe favorecer un mayor número de tomas de dicho pecho95.

– La *ictericia neonatal* no justifica la supresión de la lactancia, pudiendo ser tratada mientras esta se mantiene y si se desarrolla durante la primera semana, puede ser necesario aumentar el número de tomas al pecho. Si el neonato precisara fototerapia, se debe procurar el ingreso conjunto con la madre que permita un amamantamiento a demanda frecuente y la fototerapia doble para reducir la estancia hospitalaria y minimizar el riesgo de abandono96.

– La *fenilcetonuria no contraindica la lactancia.* Los lactantes fenilcetonúricos alimentados con leche materna complementada con fórmula pobre en fenilalanina en las cantidades que determinan los controles analíticos mantienen un mejor control de la enfermedad. La madre fenilcetonúrica también puede amamantar a su bebé, manteniendo un adecuado control dietético97.

5.- PAPEL DE LA ENFERMERA EN LA PROTECCIÓN A LA LACTANCIA.

5.1.- PRÁCTICAS RECOMENDADAS

Todos los pediatras deberían adquirir formación teórica y práctica en lactancia que les capacite para informar adecuadamente y ayudar a resolver los problemas técnicos que se presenten. A modo de guía de actuación, y siguiendo las recomendaciones anteriormente mencionadas de distintos organismos y comités internacionales, el Comité de Lactancia de la Asociación Española de Pediatría recomienda las siguientes pautas de actuación.

A) Durante el embarazo

1.- El pediatra es una figura especialmente relevante en la educación prenatal y es deseable que comparta la responsabilidad junto con las enfermeras, matronas y obstetras de ayudar a las madres a realizar una elección informada sobre el método de alimentación de sus hijos.

La educación de los progenitores antes y después del parto es esencial para el éxito de la lactancia. Estas actuaciones pueden incluirse en el programa de control del embarazo como aconseja PREVINFAD98. El pediatra recomendará la lactancia materna informando a madres y familias sobre sus beneficios, deshaciendo mitos y ayudándoles a establecer expectativas realistas sobre la misma. Además, se asegurará de que las familias poseen la información necesaria y conocen la técnica de la lactancia y las prácticas que hay que evitar en prevención de futuros problemas, favoreciendo una decisión informada sobre la forma de alimentar a su futuro hijo. El apoyo del padre a la lactancia es esencial y es importante involucrarlo siempre que sea posible[99,100].

B) Durante el parto y posparto inmediato

2. Todos los recién nacidos sanos necesitan ser colocados encima de la madre en contacto piel con piel, inmediatamente tras el parto, allí se les puede secar y realizar la ligadura del cordón umbilical y

mientras se extrae la placenta valorar la necesidad o no de reanimación evitando técnicas innecesarias que interfieran en el establecimiento del vínculo[101,102].

a) La valoración del Apgar y las prácticas de identificación del recién nacido, se pueden realizar con el recién nacido encima de la madre. La profilaxis ocular y la vitamina K pueden esperar a que se haya producido la primera toma de pecho[103]. Es aconsejable evitar aspirar la orofaringe, practicar lavado gástrico o introducir sondas para descartar malformaciones de coanas o esofágicas, de modo sistemático, a recién nacidos con Apgar adecuado para evitar lesiones de la mucosa que podrían interferir con el establecimiento de un patrón adecuado de succión[104].

b) En el momento actual, alrededor de la cuarta parte de los niños de nuestro país nacen por cesárea, la mayoría sin anestesia general y no suelen presentar problemas al nacer, obteniendo puntuaciones de Apgar superiores a 7. Es recomendable examinarlos, secarlos, ponerles la pinza de cordón cortando el exceso del mismo y llevarlos a ser reconocidos por la madre poniéndolos encima de su pecho, siempre que la situación clínica de madre y niño lo permitan. Para ello, se pueden poner los electrodos de monitorización fuera de la zona del tórax, liberar una o las dos manos de la madre y, a ser posible, ponerla en un ligero Trendelenburg negativo.

3. Es aconsejable mantener al recién nacido en contacto piel a piel encima de su madre hasta que realice la primera toma de pecho durante el período de posparto inmediato, siempre que el estado del niño y de la madre lo permitan, y se animará al padre a permanecer junto a ellos. El neonato sano es capaz de agarrar el pezón y realizar la primera toma al pecho inmediatamente después del parto[105], siempre que se evite el exceso de medicación a la madre durante el parto[106,107] y que se permita el contacto estrecho entre madre e hijo inmediatamente tras el mismo. Conviene recordar que la mejor fuente de calor para el recién nacido es el cuerpo de su madre por lo que el baño se debe retrasar hasta que el recién nacido haya realizado la primera toma al pecho y haya estabilizado su temperatura.

a) Se ha comprobado que si se coloca al recién nacido a término nada más nacer en contacto piel con piel con su madre, se estrechan los lazos afectivos entre madre e hijo, se preserva la energía y se acelera la adaptación metabólica del recién nacido. Si no es separado de su madre durante los primeros 60-70 min, el recién nacido repta hasta el pecho y hace una succión correcta[108], hecho que se ha relacionado con una mayor duración de la lactancia materna. No hay evidencia científica de que restringir la interacción madre-hijo posnatal precoz tenga efecto beneficioso alguno[109].

C) Primeros días en la maternidad

4. Durante los primeros días de vida es importante animar a la madre a ofrecer el pecho con mucha frecuencia, entre 8 y 12 veces al día y siempre que el bebé muestre signos de hambre (chupeteo, bostezo, movimientos de búsqueda o de las manos a la boca) sin esperar a que llore desesperadamente (el llanto excesivo es un signo tardío de hambre). Se animará a la madre a mantener a su hijo al pecho todo el tiempo que desee. Es mejor ofrecer ambos pechos en cada toma, permitiendo al lactante tomar del primer pecho durante el tiempo que desee y ofreciendo el segundo después, también tanto tiempo como desee, pero no obligándole. Se instruirá a las madres para alternar el orden de los pechos en las tomas.

Durante las primeras semanas de vida, los lactantes que no piden con frecuencia deben ser estimulados y despertados para ofrecerles el pecho al menos cada 4 h.

5. Todos los lactantes amamantados deben recibir una dosis intramuscular de 1 mg de vitamina K[110,111] en las primeras 6 h tras el nacimiento y después de haber realizado la primera toma de pecho.

6. En la maternidad no es aconsejable ofrecer al recién nacido alimentado al pecho suplementos de suero, agua o *sucedáneos salvo en casos de estricta indicación médica y en este caso es preferible*

*administrarlos con vaso, cuchar, jeringa o suplementador, evitando el uso de chupetes o tetinas*112. Éstas no se deben facilitar al recién nacido amamantado. Es importante desaconsejar su uso y explicar a padres y familiares la interferencia que pueden ocasionar en el establecimiento de la lactancia. Los registros hospitalarios pueden ser utilizados por el pediatra para el control de la cantidad y forma de administración de los suplementos en el caso de indicación médica113-116.

a) El llanto excesivo en el neonato amamantado puede indicar problemas con la lactancia que necesitan ser evaluados y corregidos. Es aconsejable explicar a la madre y sus familiares la función de la succión no nutritiva para aliviar la ansiedad que causa el llanto del bebé.

TABLA 4. **Código de comercialización:**

- Prohíbe la promoción al público de sucedáneos de leche materna y utensilios utilizados para su administración.
- Prohíbe la entrega de muestras gratuitas a las madres.
- Prohíbe la promoción de productos infantiles en los centros dedicados al cuidado de la salud, incluyendo la distribución de suplementos gratis o a bajo coste.
- Ningún representante de ventas de empresa puede aconsejar a las madres

- Prohíbe la entrega de regalos o muestras personales al personal sanitario.
- Prohíbe el uso de palabras o dibujos que idealicen los sucedáneos de leche materna y el uso de fotografías de niños en las etiquetas de los envases
Sólo permite información científica destinada al personal sanitario.
- En las etiquetas de los productos debe aparecer información que explique los beneficios de la lactancia materna y los costes y riesgos asociados con la alimentación con sucedáneos.
- Prohíbe la promoción de productos inadecuados como la leche condensada, para la alimentación del lactante.
- Obliga a fabricantes, distribuidores y personal de salud.

7. Es fundamental que el neonato permanezca durante las 24 h con su madre en la misma habitación, y los controles de peso, exploraciones físicas y analíticas necesarios pueden realizarse allí mismo, en presencia de sus padres[117].

8. Es aconsejable realizar la evaluación de, al menos, dos tomas de pecho cada 24 h, para detectar precozmente problemas de agarre o de succión. Los problemas detectados pueden ser así resueltos precozmente por el pediatra u otros profesionales expertos en lactancia. Es útil que las observaciones de la toma, los problemas detectados y cómo han sido resueltos o las instrucciones para su seguimiento

queden adecuadamente documentadas en la historia clínica, así como el número de tomas de pecho, de micciones y de deposiciones.

9. Antes del alta hospitalaria es aconsejable que el pediatra constate que el lactante succiona eficazmente del pecho y que los padres conocen la forma de despertarle, reconocen los signos de hambre sin esperar al llanto y conocen la técnica del amamantamiento a demanda.

10. Es importante permitir y fomentar el acceso a las maternidades de madres expertas en lactancia, pertenecientes a grupos de apoyo locales y ofrecer a las madres la posibilidad de utilizar este apoyo118. En el informe de alta se puede añadir la forma de contactar con algún grupo de apoyo local.

11. Antes del alta es conveniente que el pediatra compruebe que la madre conoce la técnica de extracción manual de leche y el uso de sacaleches119.

12. Es importante que el pediatra se asegure de que no se entregan a la madre ni a las familias paquetes comerciales cuyo contenido pueda interferir con la lactancia: chupetes, tetinas, botellines de agua mineral, revistas con publicidad de casas de leche y cupones diversos para recibir publicidad de los mismos en el domicilio. Además, cumpliendo el código de comercialización de sucedáneos de leche materna y la ley española vigente, las compañías fabricantes de

sucedáneos no deben realizar publicidad directa o indirecta en el centro de trabajo (mediante folletos, calendarios, carteles, bloques de hojitas, bolígrafos) o entregar muestras o regalos al pediatra o al personal que trabaja con las madres, ni éstos aceptarlos[120-123] (tabla 4).

D) Primeras semanas de vida

13. Para asegurar un correcto seguimiento de la lactancia y la detección precoz de problemas neonatales o con la lactancia, en la primera semana de vida, es recomendable que en el momento del alta, el pediatra aconseje a las madres y sus familias que acudan a la consulta de su pediatra o a su centro de salud, en las siguientes 48 h *(si es posible proporcionando teléfono y direcciones si la madre no tiene todavía pediatra). Se aconseja el control por un pediatra 48 h después del alta de la maternidad*[124].

Este control permitirá comprobar si la lactancia se ha instaurado correctamente o detectar signos de amamantamiento inadecuados cuya solución puede evitar abandonos precoces e indeseados.

a) En esta visita es recomendable realizar: control de peso, exploración física especialmente dirigida a la búsqueda de ictericia o deshidratación, historia materna de problemas con el pecho (congestión mamaria, grietas); número de micciones y características, número de deposiciones y características (al menos 3 a 6 micciones y deposiciones diarias en esos primeros días) y observación estructurada de una toma (puede utilizarse la hoja de observación de la OMS125) que incluya la posición de madre e hijo, el agarre y la transferencia de leche. La pérdida de peso mayor del 7% en el día 5 y la hiperbilirrubinemia pueden expresar problemas con la lactancia y exige un control más riguroso126-128.

14. Es aconsejable realizar un nuevo control en la segunda semana de vida con objeto de monitorizar el progreso de la lactancia, el bienestar del lactante y la ausencia de problemas (grietas, llanto, ictericia). Esta es una fase crítica en la que aparecen problemas que, a menudo, ocasionan el abandono de la lactancia o la introducción de sucedáneos. Grietas, pezones doloridos, sensación de hipogalactia, síntomas de ansiedad materna o depresión posparto pueden ser detectados y corregidos adecuadamente, mientras se refuerza la confianza de la madre y su familia en la lactancia129.

a) Detrás de la mayoría de estos problemas subyacen problemas de técnica de agarre y de succión cuya corrección evita la pérdida de numerosas lactancias. El pediatra puede detectarlos y ofrecer ayuda para corregirlos (propia o por un profesional sanitario cualificado del centro) así como controlar más de cerca al dúo madre-lactante hasta asegurar una lactancia satisfactoria y con éxito. La práctica de la doble pesada no se recomienda por ser un signo poco fiable de la evolución de la lactancia y poder inducir inseguridad en la madre, introducción innecesaria de suplementos y abandonos precoces.

www.ingramcontent.com/pod-product-compliance
Lightning Source LLC
Chambersburg PA
CBHW021856170526
45157CB00006B/2477